建筑中的化学

生活有化学

CHEMISTRY IN
EVERYDAY LIFE

胡杨　吴丹　王凯　陈放　著

中国妇女出版社

图书在版编目（CIP）数据

生活有化学．建筑中的化学 ／ 胡杨等著．-- 北京 ：
中国妇女出版社，2024．9．-- ISBN 978-7-5127-2398-6

Ⅰ．O6-49

中国国家版本馆CIP数据核字第2024KE9469号

责任编辑：朱丽丽
封面设计：付　莉
责任印制：李志国

出版发行：中国妇女出版社
地　　址：北京市东城区史家胡同甲24号　　　邮政编码：100010
电　　话：（010）65133160（发行部）　　　65133161（邮购）
网　　址：www.womenbooks.cn
邮　　箱：zgfncbs@womenbooks.cn
法律顾问：北京市道可特律师事务所
经　　销：各地新华书店
印　　刷：北京通州皇家印刷厂

开　　本：165mm×235mm　1/16
印　　张：9.5
字　　数：100千字
版　　次：2024年9月第1版　　2024年9月第1次印刷
定　　价：59.80元

如有印装错误，请与发行部联系

推荐序一

　　作为一名分析化学与纳米化学领域的科研工作者，我深知化学在人类生活中的重要作用。这套书以生活为舞台，化学为线索，为孩子们破解衣、食、住、行中的科学密码，是培养孩子们创新精神和科学素养的优秀读物！作者胡杨博士毕业于清华大学化学工程系，拥有丰富的专业知识和扎实的学术功底。他和他的团队通过这套书，将复杂的化学知识以通俗易懂的方式呈现给孩子们，让孩子们在轻松愉快的阅读中感受化学的魅力。

　　这套《生活有化学》系列共分为四册，分别围绕衣、食、住、行四个方面展开。通过《衣物中的化学》，我们了解到从树叶、兽皮到人工合成纤维的发展历程，感受到了化学在服饰领域的神奇作用。通过《食物中的化学》，我们认识到食物的变质、口感、颜色等都与化学息息相关。通过《建筑中的化学》，我们看到了化学在建筑材料、环保等方面的应用。而在《交通中的化学》一书中，我们知道了化学在交通工具发展中的重要作用。

以下是我对这套书的四点推荐理由：

一、贴近生活，激发兴趣

这套书将化学原理与日常生活紧密结合，让孩子们在熟悉的事物中感受到化学的魅力。这种贴近生活的讲述方式，有助于激发孩子们对科学的兴趣，培养他们的探索精神。

二、汇聚前沿知识，打开孩子视野，帮孩子从课堂走向未来

时代的发展，从来都不能缺少前沿知识的引领。科技是化学的一种表现形式，也是化学最具价值的应用领域。这套书涵盖了衣、食、住、行等领域，让孩子们在了解化学知识的同时，拓宽视野，增长见识。

比如，《衣物中的化学》带孩子了解了未来永不断电的可以监测人们心率、呼吸、血糖、血氧的智能服装，可以让聋哑人摆脱身体残疾困扰的"既能听又能说的"声感衣服；《食物中的化学》带孩子了解了最新的人造淀粉技术；《建筑中的化学》带孩子展望了人类建筑的未来，如透明的木头、自修复混凝土、3D 打印的月球家园等；《交通中的化学》带孩子了解人类要想走出地球并踏上星际旅行的航程，交通工具方面需要做的准备等。

三、通俗易懂，寓教于乐

这套书运用生动的语言、丰富的案例、有趣的科普插图，将复杂的化学知识讲解得通俗易懂。孩子们在轻松愉快的阅读过程

中，不知不觉地掌握了化学知识。

四、培养科学思维，提高创新能力

这套书不仅科普了化学知识，还培养了孩子们的科学思维和创新能力。这对于他们未来的成长和发展具有重要意义。

总之，《生活有化学》是一套优秀的科普作品。我相信，它将引领广大青少年读者踏入科学的殿堂，激发他们对化学的无限热爱。我衷心期望这套书能够得到大家的喜爱，将科学的种子播撒到更多读者的心田，激励更多孩子热爱科学，为我国的科技进步贡献力量。

陈春英

中国科学院院士

分析化学与纳米化学专家

2024 年 6 月

 **推荐序二**

　　你是否对"化学"这个词感到陌生和遥远呢？每当提到化学，大家脑海中可能会浮现出烧杯、烧瓶、三角瓶等实验室场景和那些看不懂的元素符号。或许你会觉得，化学离我们很遥远，与我们的生活无关。其实，在我们的日常生活中，无论是穿的衣服，吃的食物，住的房子，还是出行的工具，这些我们每天接触的、使用的"东西"都离不开化学，其背后都隐藏着不同的化学奥秘！探寻和揭示生活中的这些奥秘，不仅是一件十分有趣的事情，而且可以对日常生活有更深层级的理解和更高维度的欣赏。

　　《生活有化学》这套书以孩子们的日常生活为主线，通过讲述各种物品的发明故事，揭示其中的化学原理和奥秘。这套书不仅告诉孩子们"这是什么""它是如何变成现在这样的"，还深入浅出地解答了"为什么"这个深层问题。只有这样，孩子们才能真正理解他们身边的世界，而不仅仅是接受一些表象。

　　这套书不仅语言通俗，插图也十分生动有趣，让孩子们在阅读的过程中，既能学到科学知识，又能享受阅读的乐趣。这套书就像一位智慧的老师、一位和善的朋友，带领孩子们走进化学的世界，让他们感受化学的无穷魅力。

如果你是一位家长，这套书将是你送给孩子的一份宝贵礼物。如果你是一位老师，这套书将成为你必备的教学工具。如果你还是一个孩子，那么这套书将是你的知识宝库。无论你是谁，无论你在哪里，只要你对生活充满好奇，对知识渴望了解，那么《生活有化学》都是你不可或缺的一套好书。

孩子是祖国的未来，科普是培养孩子科学素养的关键。科普可以激发孩子们的好奇心，拓宽他们的视野，为未来孩子的成长和社会进步打下坚实基础。孩子们，让我们一起，通过《生活有化学》这把"钥匙"打开化学的大门，探索这个奇妙的世界吧！

清华大学化学工程系教授

博士生导师

2024 年 5 月

# 推荐序三

我们生活中的许多美好，其实都是化学创造的奇迹！

化学和生活，有着密不可分的联系。甚至，宇宙生命的起源、我们的日常行为，也都与化学反应息息相关。

化学，是自然科学的重要基础学科之一，是一门研究物质性质和结构的科学。它的核心表现，就是物质的生成和消失。

现在呈送于大家面前的《生活有化学》系列书，包括《衣物中的化学》《食物中的化学》《建筑中的化学》《交通中的化学》四册。这套书以独特的视角、新颖的形式和细腻的笔触，彰显了日常生活中无处不在的化学身影，揭示了衣、食、住、行背后的化学原理和奥秘。

在《衣物中的化学》中，孩子们会惊奇地发现，原来日常穿着的衣物背后，竟然隐藏着如此丰富的化学故事；在《食物中的化学》中，美食的诱惑与化学的神奇完美结合，让人不禁感叹大自然的鬼斧神工；《建筑中的化学》则让孩子们认识到，坚固的高楼大厦、美丽的玻璃幕墙，无不依赖于化学的力量；而《交通中的化学》将让大家感悟到，交通工具的演变、能源的更迭，都离

不开化学的推动。

《生活有化学》系列书的主创胡杨博士，毕业于清华大学化学工程系，拥有丰富的专业知识和实践经验。他领衔打造的这套书，如同一把钥匙，打开了孩子们探索化学世界的大门。特别是，书中配合知识点的详细解析，拉近了化学知识与日常生活的距离，让孩子们在掌握科学探究方法的同时，还能更真切地理解以下内容：

——世界上任何物质，哪怕化学成分非常复杂，无非也都是由 118 种化学元素的若干种组成的。如果是天然的物质，则都是由 90 种天然存在的化学元素中的若干种所组成。

——从最简单的层面说，元素周期表呈现了宇宙里所有不同种类的物质，其上 100 多种各具特色的角色（元素）构成了我们能够看见、能够触摸到的一切事物。

——化学结构的特性、化学结构之间的关联度，决定了化合物质为什么会表现出某种化学性质。我们也能够更深刻地认识到，为什么说有三种化学元素对人类文明的演进起到了决定性作用，它们是：支起生命骨架的碳元素，划分历史时代的铁元素，加速科技进步的硅元素。

化学的应用与人类社会的发展密切相连，化学物质可以在很多方面改变和丰富我们的生活，想想诸如石油化工、精细化工、医药化工、日用化学品工业等国家支柱产业的发展。当然，我们同时也应认识到，化学物质如果被误用、滥用，或是不够谨慎小心地使用，也会给我们的生活带来很多不确定性，甚至变得很危险。

　　用科学的视角看待世界，用化学的力量改变生活。

　　是为序。

尹传红

科普时报社社长

中国科普作家协会副理事长

2024 年 8 月

推荐序四

　　很高兴拜读胡杨博士团队精心打造的这套科普作品——《生活有化学》。这套书不仅传递了"化学使人类生活更美好"的理念，还充满了趣味性和积极向上的精神。

　　在这个信息快速传播的时代，我们每个人都应该具备自我发展的能力、深入思考的素养和灵活运用媒介的本领。这套图书用浅显易懂的语言、生动有趣的手绘插图、简单明了的术语和引人入胜的逻辑，向我们展示了化学世界的魅力，堪称科普读物中的佳作。

　　生命在于不断探索和成长，不仅是身体的成长，还包括思想意识的主动建构。《生活有化学》系列图书恰好满足了孩子们探索未知的好奇心。书中提出了许多有趣的问题，比如：人类对于光鲜衣服的需求起源于什么？有引发思考的问题：最环保的建筑方式竟然是我们认为不环保的砍树盖房？还有人生哲理的智慧启发：年少时，洞悉万事万物之运行规律；年长时，悟透人间百态之发展逻辑！

　　培养深度思维能力是人类文明进步与儿童成长互动的一种

形式，无思维不成长。《生活有化学》系列图书围绕问题的提出、科学探索、人类社会实践和化工技术进步展开，充满了创新的研究设想、新奇的研究过程和意想不到的应用成果，极大地提升了读者的研究素养。

培养孩子的阅读能力，媒介素养至关重要。这套图书通过迷思议题的导读方式，引导孩子们在认知冲突中带着问题去阅读，有效提升了阅读效率和探究教育的价值。书中将很多晦涩难懂的专业术语通俗化、形象化、拟人化处理，运用了知识可视化脑科学原理，让深奥的科学术语与生活常识融合得毫无违和感。例如，用能源的"产出—使用"基本均衡的完整封闭能量系统来表述"碳中和"，用自由生长的金属锂晶体并不会恢复成原本制造电池时的那种规整的形状来讲"锂枝晶"，让深奥的科学知识变得亲切易懂。

我们的基础教育鼓励化学教学从表面的探究走向深层次的思维，《生活有化学》系列图书正是这样一部佳作。它通过丰富的案例和层层递进的逻辑，引领读者从生活的宏观世界走向科学的微观世界，实现了从化学教学到化学教育的转变。

感谢胡杨博士团队的倾情奉献！

李维真

北京市第八十中学化学特级教师

2024 年 7 月

# 自　序

　　2021 年 9 月，我们团队出版了第一套化学科普书《万物有化学》，这套书让我们团队与孩子们结下了不解之缘。凭借着通俗易懂的语言及生动精彩的插图，这套书迅速在青少年中流行起来，并好评不断。我记得有个小读者跟我说，他和同学们在学校经常一起谈论科学知识，并且各自展示和比拼已经掌握的知识点，而《万物有化学》则成为他们能够看懂和吸收科学知识的非常重要的宝库。

　　化学与我们的生活息息相关，"热爱生活"应该成为我们每一个人具有的情怀与品质，并且只有热爱生活的人才有可能在未来营造出幸福的人生。因此，培养孩子热爱生活的品质就成为我们撰写这套《生活有化学》系列科普书的起点与动力。

　　日常生活里看似平淡的"衣、食、住、行"，实则蕴含着丰富的化学知识：人类对衣物的追求起源于古人利用树叶与兽皮遮体的想法，而现代的各种制衣材料也同样受到这两种天然材质的启发；我们品尝的美味食物带给我们的愉悦不光来自味觉，也来自触觉的感官体验，毕竟"酸、甜、苦、辣、咸"中隐藏着一个非味觉的饮食体验，也就是"辣"；人类利用玻璃、水泥等现代

建筑材料盖起了一座座摩天大楼，但出乎意料的是，最环保的建筑方式之一却依然是我们认为最不环保的砍树盖房；汽车不但可以利用石油中提炼的柴油作为动力来源，还可以"吃掉"人类餐饮行业产生的地沟油来为自身提供动力。这些在日常生活中已经存在的神奇事例，如果我们没有一双科学的"慧眼"是很难发现和理解的，而《生活有化学》这套书就可以帮助我们成就这一双双科学"慧眼"。

作为传播科学的使者，我们只希望孩子们不要只是生活的迷茫经历者，而是成为生活的智者。年少时，洞察万事万物的运行规律；待到年长时，则能悟透人间百态的发展逻辑。

这样的人生才能达到幸福、智慧与通透。

胡　杨

2024 年 4 月 8 日

目　录

3 沙子的华丽转身

4 **生铁百炼终成钢**

5 **建筑环保"三部曲"**

6 展望人类建筑的未来

I

原来砖块也是陶器？

砖块是用来盖房子的常见材料，但是想要得到一块结实的砖，人们需要贡献出足够的智慧。

　　砖是用来盖房子的，平平无奇的砖块，在生活中随处可见，但又往往被我们视而不见。长方体形状的砖块是建筑材料中最基础的一种，也是人类历史上最伟大的发明之一。

古埃及的金字塔也是世界砖砌建筑的代表作品之一，非常壮丽神奇！

　　砖砌建筑可以历经数百年而屹立不倒，中国的万里长城、埃及的金字塔都是人类历史上砖砌建筑的代表作，但两者所使用的砖是完全不同的类型。

　　那么，砖的背后到底蕴含着怎样的化学故事呢？

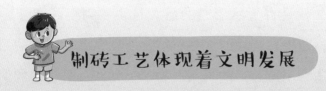
砖从制作材质和工艺上可以分为三类，即石砖、风干砖和烧制砖。这三类砖的发明顺序其实也是人类社会发展的缩影。

你可能有所不知，建造长城用的砖块和修筑金字塔用的砖块是完全不同的两种砖块哦！

石砖，就是将天然形成的巨大石块切割打磨成长方体形的砖。由于石砖来自整块的天然石材，所以它非常坚固耐用。但是自然界中适合制造石砖的天然石材非常稀缺，且石砖的切割、打磨和运输又往往需要消耗巨大的人力与物力，所以，石砖被视为珍贵的稀缺品，很难实现大规模的普及和应用。埃及的金字塔就是由石砖砌筑而成，例如雄伟的胡夫金字塔就使用了约230万块石砖，10万名劳工花费了20多年时间才完成了这一人类奇迹的修建。这么沉重的石砖在当时的技术条件下是如何实现开采、切割、打磨、运输以及修砌的，到现在依然是一个谜。

因此，想要让砖能够更加普遍地使用，砖的制作工艺必须简化，风干砖就是人工制砖的初级版本。

风干砖是由黏土坯晾晒而制成的泥砖。制作风干砖有多简单呢？只需要一个木制模具，将水和黏土混合后灌入，待泥浆干燥后就制成了风干砖。风干砖的原材料容易获取且制作过程简单，虽然没有石砖坚固，但其强度足以满足普通房屋的建造要求，所以被广泛地使用。然而，风干砖砌成的建筑非常害怕地震、洪水等灾害气候的侵袭。人们为了增强风干砖的耐用性，还会在泥浆中添加增强机械强度的组分，例如稻草，这样制成的风干砖的内

加了稻草
的风干砖

人们为了增强风干砖的耐用性，在泥浆中添加增强机械强度的组分，例如稻草，这样制成的风干砖就相对结实、牢固多了。

部结构就与现代的"钢筋混凝土结构"非常类似了。黏土可以看作"混凝土"，而稻草可以看作"钢筋"，这种结构有效地增强了风干砖抵御自然灾害的能力。

但是人们要想建造更大、更雄伟的建筑，风干砖就无能为力了，这时就需要使用更为坚固的制砖材料和更为先进的制砖工艺。其实更先进的制砖技术人们很早就已经掌握，只是没有想到将它应用在制砖上而已，这就是制陶技术。人们发现，陶器是由黏土等天然矿物在高温下烧结而成的，质地非常坚硬。巧合的是，风干砖的主要原料也是黏土，如果我们仿照烧陶的过程，将风干砖进行高温烧制，这样得到的砖块强度肯定也会大大增加。就这样，烧制砖诞生了。

烧制砖具有高硬度和高强度的背后，其实隐藏着深刻的化学原理：黏土的主要成分是硅铝酸盐，在高温烧结过程中硅铝酸盐会逐渐转变为石英晶体和莫来石晶体，其中石英晶体非常致密坚硬，而莫来石晶体则呈针状。莫来石晶体会像钢筋一样，与石英晶体形成我们熟悉的"钢筋混凝土结构"，使得拥有这种结构的烧制砖经久耐用，可以承担起建造大型建筑的重任。

　　从本质上讲，烧制砖就是一种形状规则的陶器。大量的考古发现表明，中国是世界上最早发明烧制砖的国家之一：良渚文化遗址中就发现了约 5000 年前的烧结土坯砖；秦朝时，中国人利用烧制砖建成了举世瞩目的万里长城；到了明朝，为了保证烧制长城砖的质量，许多明长城砖上都刻有制砖人的信息，表明了这块砖来自哪里及由谁制造，这也是明朝国家工程中"终身问责制"的体现。

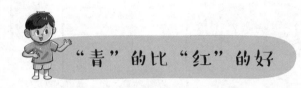

"青"的比"红"的好

　　细心的小朋友肯定会发现，我们日常生活中的砖块有红色的和青色的，它们有什么不同呢？砖的颜色取决于它的烧制工艺。砖的原材料中不可避免地含有铁元素。虽然红砖和青砖都是用黏土烧制而成，但如果在烧制过程中氧气充足，黏土中的铁元素就会形成化合价为 +3 价的化合物氧化铁（Fe_2O_3），制成的砖就呈

现出鲜艳的红色；而如果在烧制过程中氧气不足，黏土中的铁元素就会形成化合价为 +2 价的化合物氧化亚铁（FeO），制成的砖便呈现青灰色。

　　为什么中国的万里长城、陕西西安的明代城墙、安徽徽州的徽派民居等传统建筑大多使用的是青砖而不是更为明艳的红砖呢？这是因为青砖的烧制温度更高，使得青砖相比红砖结构更加致密，从而更加耐用。

　　烧制砖的原材料黏土在自然界实在是太丰富了，制砖所使用的燃料也是随处可见的木材和枯草，砖的制作工艺又较为简单，这使得早在周代，我国的先民就已经开始烧制青砖。而青砖建筑即使历经了千年的风吹雨打，依然可以屹立不倒。

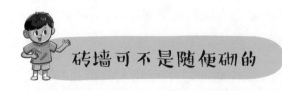

砖墙可不是随便砌的

有人说"用砖盖房子就像搭积木",但是这个"积木"可不是随便搭的。大家在生活中如果仔细观察就会发现,砌墙的砖块是相互交错堆砌而成的,而不是简单地整齐堆砌。这种相互交错堆砌的墙面可以确保每一块砖都均匀受力,从而使结构更加稳固。而整齐堆砌的墙面,砖与砖之间的缝隙也会相互对齐,这会在垂直方向上形成竖向通缝,也就是说,每一块砖只承受它正上方几块砖的重力,而在横向上并不相互受力。这样的墙面在横向上就会存在受力的物理间隔,使得墙极容易垮塌。

砖的大小也是精心设计出来的。为了有效地搬运和铺设，一块砖最好能被成人的一只手轻松捡起，而空出的另一只手便可以涂抹水泥。所以砖的宽度最好与成人的拇指和食指的跨度相近，约为 10 厘米，这是一种人机工学设计原则的体现。但是，大型建筑需要使用更大的砖块，这样才能让建筑墙面的整体缝隙更

少，从而更加坚固。例如，古埃及的金字塔、希腊雅典的帕特农神庙等。为了提升建筑抵御严寒的能力，寒冷气候国家的人们也会使用更大的砖块来砌成更厚实的墙体。

实心的砖块很重，就像一块石头一样。这就会带来一个问题：随着建筑物的增高，砌墙所用的砖的数量急剧增加，从而让建筑的整体重量也急剧加重。这样，建筑可能会因为自身整体过重而垮塌。为了克服这个问题，空心砖诞生了。空心砖是在砖块上预留一些孔洞的砖，和实心砖相比，它具有重量轻、消耗原材料少、成本低等优势。但是空心砖由于孔洞的存在，强度会差一些，所以空心砖常用于非承重部位，并不能完全取代实心砖。

从 20 世纪开始，人们在城市中建造的楼宇越来越高，单纯的砖砌结构垮塌的风险也逐渐增大。因此，砖砌工艺现在只应用于中小型建筑上，而大型的高层建筑则使用了强度更高的复合材料——混凝土。

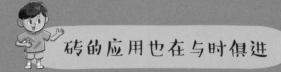

砖的应用也在与时俱进

　　那么，拥有几千年历史的砖就要彻底告别历史舞台了吗？当然不是，砖除了传统的建筑用途，其实还有很多其他巧妙的使用方式。例如，制作成**多孔结构的砖**还能被用来**修复海洋环境**呢！近年来，由于全球变暖、海洋污染、过度捕捞以及水上运动等人类活动的影响，全球近海海域的珊瑚礁受到了巨大的伤害，海洋

3D 打印的陶瓷砖

生态系统面临严重破坏。对此，中国香港的海洋学家提出一种新的想法，即可以通过陶土砖来制作多孔的人工礁石，从而给珊瑚提供一个适宜的人造生长环境，助力珊瑚礁逐渐恢复。

你可能不会相信，除了海底，砖在人类的星际移民计划中也有可能发挥重大的作用。火星被认为是星际旅行最有可能的第一站，人类已经开始研究火星基地的建设方案。美国加利福尼亚大学圣地亚哥分校的科学家们已经研发出了一种将火星土壤压缩制砖的技术。由于火星表面土壤中含有大量的氧化铁，这种土壤并不需要像在地球上那样经过制浆烧结制砖，而仅需施加压力压缩火星土壤就可以制成"火星砖"。由于氧化铁可以起到交联粘接的作用，使火星砖的强度甚至可能超过钢筋混凝土。火星土壤制砖的工艺一旦成熟，人类就可以在火星上修建房屋和飞行器着陆场，人类就有望实现火星移民啦！

　　月球虽然不是人类移居的首选星球，却是人类规划的未来可能的能源基地，所以如何利用月球土壤就地取材制造"月球砖"，也是人类需要研究的重要课题。随着我国嫦娥五号月球探测器的成功返航，从月球表面采集的 1731 克月壤抵达地球。或许，这些月壤就可以帮助中国科学家找到月壤制砖的方法，从而为未来大规模建设月球做好充分的准备。

　　当然，人类对宇宙的探索和开发还面临着众多的挑战，这项事业也需要人类一代又一代持续推进。孩子们，发挥你们的想象力和创造力吧，用自己所学的科学知识为人类的星际移民事业"添砖加瓦"！

1.埃及胡夫金字塔是由约多少块石砖修砌而成的？

2.红砖和青砖的烧制条件有什么区别？

3.我国嫦娥五号月球探测器带回了多少克月球土壤？

2

花盆引领的建筑革命

能够建造摩天大楼的钢筋混凝土结构材料，它的发明灵感居然来自一个花盆的制作。

我们在前文已经讲了，砖块无法满足超高层建筑的使用需求。那什么样的建筑材料可以超越砖块，帮助人们建造一个坚不可摧的现代化城市呢？答案就是混凝土。

　　其实混凝土不是单纯由一种物质组成的，而主要是由水、砂石和水泥组成，水泥在其中起着最为核心的胶凝粘接作用。

水泥是一种很神奇的建筑材料。粉末状的水泥就像灰色面粉一样非常细腻，加水充分混合后会形成半流动状态的黏稠泥浆，但过一段时间，泥浆就会逐渐硬化，最终变成和石头一样坚硬的

首先将粉末状的水泥倒入模具。

之后加入清水，充分混合后形成黏稠的水泥浆。

静置一段时间之后，泥浆就会逐渐硬化，变成一块坚硬的固体了。

等待硬化

固体。泥浆状态的水泥可以被浇筑成各种各样的形状，而一旦硬化，形状就很难变化了。你也许会想，为什么普通面粉与水混合后形成的是柔软的面团，而向水泥中加水形成的却是坚硬无比的水泥块呢？这是因为水泥粉末与水混合形成泥浆的这一系列过程中包含了很多化学反应。

日常生活中最常见的水泥为硅酸盐水泥，又叫"波特兰水泥"，它是由19世纪的英国人詹姆斯·弗罗斯特发明的。他觉得这种水泥的颜色很像英吉利海峡中波特兰岛（注意，不是美国城市波特兰）上的岩石，于是以此给它命名。

波特兰水泥的主要成分是钙的硅酸盐，例如硅酸二钙（$2CaO \cdot SiO_2$）和硅酸三钙（$3CaO \cdot SiO_2$），同时还有少量的铝酸三钙和铁铝酸钙。钙的硅酸盐与水混合后并不能溶解于水，而

是与水发生了水化反应，生成了水化硅酸钙，也就是水分子进入了硅酸盐原来的晶体结构中，进而形成了新的晶体。水化后的水泥粉末可以相互"搭接"，形成网络状结构，进而实现水泥浆料的胶凝。水泥浆料逐渐变硬的过程，其实就是胶凝后的水泥网络继续与水反应，使得网络不断加密的过程。等到全部的水泥粉末水化完成，水泥浆料的网络结构也变得足够致密，形成异常坚硬且耐磨的水泥。

但是，水泥的水化反应并不是一蹴而就的，而是慢慢反应逐渐胶凝的。所以在实际的施工过程中，经常会出现这样一种情况：在水泥浆料还没有彻底水化完成的时候，水泥浆料中的水却由于蒸发而完全干掉了。这时，施工现场经常会出现一种看似"反常"的操作，那就是每天都要在未水化完成的水泥构件上洒水，以补充流失的水分，让水化反应能够进行到底。这个"反

"波特兰水泥"是由 19 世纪的英国人詹姆斯·弗罗斯特发明的。

由于这种水泥的颜色很像英吉利海峡中波特兰岛上的岩石，所以如此命名。

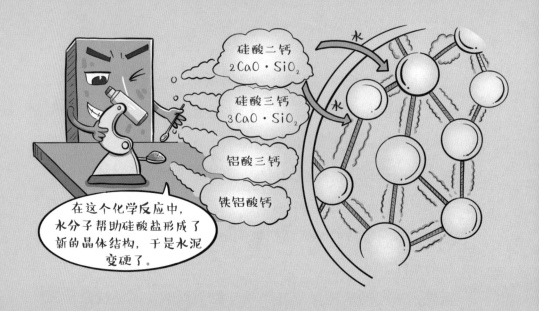

"常"操作就叫作水泥的养护。是不是觉得很意外？让水泥更加坚固的方法居然不是让水泥浆料干得更快，而是相反的，需要不断加水使得水泥浆料干得更慢，因为干得太快的水泥由于水化不完全，其强度是无法达到最佳状态的。

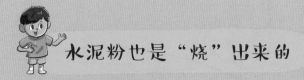

水泥粉也是"烧"出来的

　　水泥粉的生产过程和砖的生产过程有一个共同点：它们都是通过煅烧得到的。生产水泥粉需要使用石灰石（主要成分为碳酸钙）和黏土（主要成分为硅铝酸盐），但想要得到水泥的核心成分，也就是钙的硅酸盐，就需要将两者混合后进行高温煅烧。在约1450℃的高温下，石灰石会首先分解为氧化钙（CaO），同时释放出二氧化碳（CO_2）。氧化钙会进一步与黏土反应，生成钙的硅酸盐和少量铝酸三钙，这样我们就得到了水泥粉的最核心组分。

从上面的生产过程中，我们就会发现一个很重要的环保问题：首先，石灰石的高温分解会释放大量的温室气体二氧化碳；其次，为了维持 1450℃的高温，需要燃烧化石燃料，这个过程同样也会释放出大量的二氧化碳。据测算，生产 1 吨水泥至少需要排放 0.5 吨的二氧化碳，这对实现"碳达峰"和"碳中和"目标造成了一定的挑战。

其实，大自然中本就存在天然的水泥原料！这听起来令人难以置信，不过这确实是真的。古罗马人发现，如果将火山灰与生石灰（氧化钙）混合，这种混合物就是天然水泥！这是因为火山灰的主要成分为高活性的二氧化硅和氧化铝。生石灰与水接触后会反应生成熟石灰（氢氧化钙），熟石灰继续在有水的条件下直接与火山灰中高活性的二氧化硅和氧化铝发生反应，生成水化硅酸钙和水化硅酸铝，这两种成分也正是波特兰水泥水化后的产物。故而，天然水泥有着与工业水泥相似的甚至更好的力学性能。

其实，大自然中本就存在天然的水泥原料！古罗马人在火山周围发现了天然水泥。

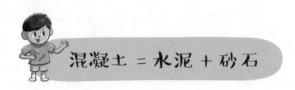

混凝土 = 水泥 + 砂石

那么有了水泥，我们是不是就可以盖起坚固的大房子了呢？这还不够，因为水泥有个缺点，那就是大块的水泥制品在水化过程中很容易收缩开裂。为了克服这个缺陷，在使用水泥时，往往需要向里面添加砂石，也就是沙子和石块。水泥与砂石的混合物就是现今全世界使用量最大的建筑材料——混凝土。

大块的水泥制品在水化过程中很容易收缩开裂。为了克服这个缺陷，水泥在使用时往往需要向里面添加砂石，这样就坚固多了！

碎石

沙子

混凝土

纯水泥容易开裂

混凝土，这个外来的近代工业产品在中文里有一个独特的称谓——砼（tóng）。"砼"字是由"石""人""工"三个字组合在一起造的汉字。"砼"字非常形象地体现了混凝土的特点：它是一种人工制造的"石头"。在建筑工地上，我们经常会看到印有"砼"字的罐车来回穿梭，小朋友们现在应该知道了这样的罐车里装载的就是混凝土啦！

其实，砂石才是混凝土的主要成分，通常占到整个混凝土物料的 70% ~ 80%。而水泥的作用是将大大小小的砂石粘接在

一起，从而形成一个密实的整体。砂石不但可以防止水泥水化过程中的收缩，还是混凝土的骨架，为混凝土提供了强有力的机械性能。

　　古罗马人不但发现了天然水泥，也学会了利用天然水泥来制作混凝土。古罗马建筑万神殿的圆顶是世界上最大且最古老的混凝土圆顶，至今依然屹立不倒；而同样使用古罗马混凝土建造的桥梁与堤岸更是坚如磐石，甚至比现代混凝土更能抵抗海水的侵蚀。公元1世纪的古罗马博物学家老普林尼在颂歌中就曾经赞美过古罗马混凝土："当它们与海浪相遇，被海水淹没，就会变成一整块坚石，无惧浪潮。"

混凝土的质地是硬而脆的。如果遇上地震，混凝土结构将会大概率地开裂，然后垮塌，所以耐折性能较差成了混凝土的一个致命缺陷。因此，混凝土这种建筑材料还需要继续优化和改进。

混凝土虽然很坚固，但是质地是硬而脆的，所以很害怕地震，会导致开裂与垮塌。

花盆引发的"革命"

　　1849 年，法国园艺师莫尼埃为了提升花盆材料的强度和韧性，尝试在铁丝网制成的模具中浇灌混凝土，意外得到了一种利用钢筋作为混凝土骨架而形成的新型复合建筑材料——钢筋混凝土。虽然莫尼埃最初制造的钢筋混凝土花盆仅用于种花，但是钢筋混凝土材料却一飞冲天，引发了一场建筑业的革命。

1849 年，法国园艺师莫尼埃先生发明了钢筋混凝土！

钢筋极大地提升了混凝土的韧性，完美解决了混凝土易开裂的缺陷。我们在电视上经常可以看到这样的画面：如果一个地方遇到强烈地震导致房屋倒塌，采用钢筋混凝土浇筑的建筑往往不是局部垮塌，而是整体倒下。钢筋就像人体的骨骼一样使整个建筑物连接成一个整体，即使遇到了地质灾害，建筑也不会从中间断裂。因此，只要将地基打牢，钢筋混凝土建筑便具有极佳的抗震能力。

钢筋混凝土实际上属于材料学中非常重要的一个材料门类，即复合材料。复合材料通过将多种材料组合在一起，从而发挥每

一种材料的优势，同时避免单一材料的缺陷。当然，材料的组合形式是多种多样的，例如，混凝土是由细小粉末状的水泥与较大颗粒状的砂石复合在一起形成的，所以混凝土可以看作颗粒增强复合材料。而钢筋混凝土则是由纤维状的钢筋与粉末颗粒状的混凝土复合在一起形成的，被称为纤维增强复合材料。

其实，从我们的日常生活到高新科技领域，处处都有纤维增强复合材料的身影。例如，公园湖面上的游船可能是由玻璃纤维增强聚酯或酚醛树脂材料做成的，这种材料被称作玻璃钢。而现今高档自行车、网球拍、滑雪板，甚至是高性能跑车和喷气式飞机的生产，都会使用强度高但质量轻的碳纤维增强环氧树脂材料。在我国的航天领域，运载火箭的燃气管路会选用矿物纤维增强气凝胶复合材料作为保温隔热材料，从而保证航天器在高温环境中的正常工作。在上一章中我们提到的添加稻草制作成的风干砖，实际上就是我国劳动人民基于生产实践而巧妙发明纤维增强复合材料的生动案例。

科技创新不光源自对实际生产活动的总结，往往革命性的科技创新成果都是以"换道超车"的形式出现。谁能想到，一个对花盆制作方法的小小改进，竟能引发一场全人类建筑行业的巨大革命！

喷气式飞机会使用强度大但质量轻的碳纤维增强环氧树脂材料。

游船大多是由玻璃纤维增强聚酯或酚醛树脂材料做成的，这种材料被称作玻璃钢。

滑雪板等产品也会使用碳纤维增强环氧树脂材料。

从我们的日常生活到高新科技领域，处处都有纤维增强复合材料的身影！

所以，大胆尝试才会有创新的可能。即使在尝试后毫无成就，但是谁又能保证这个看似不成功的尝试，在未来不会焕发出意想不到的光辉呢？

思 考 一 下

1. 如果想让水泥固化得更坚固，我们可以在水泥上面洒什么呢？

2. "砼" 指的是什么？

3. 世界上第一个钢筋混凝土结构的物品是什么？

3

沙子的华丽转身

玻璃，这种透明的建筑材料，托起了现代建筑的
亮丽美学。

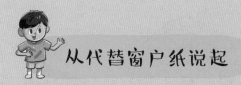

从代替窗户纸说起

"窗明几净"，明亮的窗户、干净的书桌是中国古人对于屋舍整洁的基本要求。如果此时再有一轮明月当空，一壶美酒作伴，那么这大概就是古人理想的生活状态了。不过可惜的是，再明亮的月光也无法穿透关闭的窗沿，只有打开窗户，才能欣赏那高悬的明月。毕竟，古人房屋的窗户都是用桐油纸糊起来的，虽然可以勉强做到遮风挡雨，但人们是不可能透过窗户纸欣赏到窗外的美景的。

　　玻璃的出现改变了这一切。玻璃虽然早在 4000 年前就已在古埃及出现，但它一直都是贵族才能拥有的稀罕物。直到近代工业的发展，玻璃制品才逐步走入了寻常百姓家，普通民用建筑也才能换上晶莹剔透、璀璨华丽的玻璃窗。

　　那么，玻璃到底是什么呢？

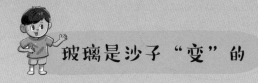
可能没有人敢相信晶莹剔透的玻璃居然是普普通通的沙子（也叫石英砂）"变"的，事实却是如此，只不过这个"变身"过程蕴含着丰富的化学原理。

沙子和玻璃的主要成分都是硅元素，但是一颗颗的沙砾实际上是由二氧化硅（SiO_2）形成的致密晶体结构。在制作玻璃时，我们需要向沙子中加入石灰石（主要成分为碳酸钙 $CaCO_3$）和纯

碱（主要成分为碳酸钠 Na_2CO_3），再将混合物加热到 1400℃ 以上，此时的沙子会完全熔化成"沙子水"。一方面，石灰石和纯碱可以在高温下与石英砂发生化学反应，形成硅酸钙（$CaSiO_3$）和硅酸钠（Na_2SiO_3）等硅酸盐；另一方面，随着这二者的加入，石英砂的熔点也会大幅下降，也就是说，在更低的温度下就可以实现沙子的完全熔化，因此降低了玻璃制造的工艺难度。经过上述一系列物理变化和化学反应后，"沙子水"就变成了"玻璃水"。此时，只要将玻璃水快速注入模具中，随着温度的迅速降低，晶莹剔透的玻璃就制作完成了。

从上面的讲述中我们知道，玻璃虽然源自沙子，但是经过一系列化学反应后，它已经变成了以硅酸钙、硅酸钠和二氧化硅为主要成分的硅酸复盐，且复盐中包含的硅酸根离子、钠离子和钙离子并没有形成规整排列的晶体结构。相反，在玻璃水快速冷却凝固的过程中，这些离子在混乱的运动中被固化下来，形成了质地均一但排列混乱的非晶体结构，也就是玻璃。

既然我们了解了玻璃的制造原理，现在就可以尝试制造用在窗户上的平板玻璃了。大家肯定想到了，既然沙子在变成玻璃之前需要先变为"玻璃水"，那么只要将这些熔融的"玻璃水"在冷却之前浇筑到一个非常扁平的模具中，然后再冷却下来，我们不就得到平板玻璃了吗？这种想法虽然很好，但在实际操作中却会出现我们意想不到的问题。

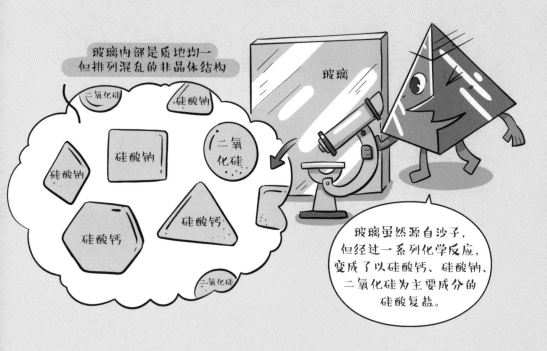

玻璃内部是质地均一但排列混乱的非晶体结构

二氧化硅　硅酸钠　硅酸钠　二氧化硅　硅酸钠　硅酸钙　二氧化硅

玻璃

玻璃虽然源自沙子，但经过一系列化学反应，变成了以硅酸钙、硅酸钠、二氧化硅为主要成分的硅酸复盐。

　　我们知道玻璃的表面是非常光滑的，而一般材料的表面难以达到玻璃表面的光滑程度，这也就意味着，我们用于制造玻璃的模具材料表面也必然比玻璃更粗糙。试想，当我们将"玻璃水"注入一个表面比玻璃更粗糙的模具之后，"玻璃水"的上表面由于接触的是空气，因此可以保持非常平滑，但是下表面接触的是模具，而模具表面如此粗糙，又如何能够保证玻璃的下表面光滑呢？

　　为了解决玻璃下表面的平滑性问题，我们就要运用一个在玻璃制造中的特殊技巧——浮法制玻璃。"浮法制玻璃"听起来很难懂，但是其原理非常简单。既然模具的表面不够光滑，那么我们可以在"玻璃水"浇筑进模具之前，先在模具中铺衬一层极其光滑的材料，这种材料就是熔融锡。当我们把金属锡加热至熔融状态后，液态的熔融锡就会在模具底部形成一层光滑的液体镜面。由于熔融锡的密度大于"玻璃水"的密度，所以"玻璃水"进入模具后就会漂浮在熔融锡的上层，通过熔融锡本身的光滑表面，就保证了在"玻璃水"降温凝固过程中玻璃下表面的平滑。

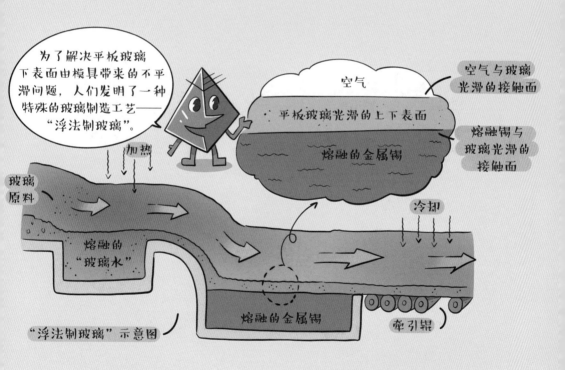

天然玻璃

由于玻璃制造的首要条件就是极高的温度，因此在自然界中几乎找不到天然形成的玻璃。但在极端条件下，天然玻璃也可以形成，例如闪电击地、火山喷发和陨石撞击。这三种极端条件都可以提供足以熔融沙子的高温，从而天然形成玻璃质地的产物，例如利比亚沙漠玻璃。

这块就是
圣甲虫形状的天然玻璃

最著名的利比亚沙漠玻璃是
古埃及法老图坦卡蒙胸前的圣甲虫挂饰

　　产自撒哈拉沙漠中的利比亚沙漠玻璃就是一种由陨石撞击形成的天然玻璃。陨石撞击地面会产生局部高温并将砂石熔融成液体。这些液体飞溅到空中后被迅速冷却，落地形成天然玻璃。最著名的利比亚沙漠玻璃是古埃及法老图坦卡蒙胸前的圣甲虫挂饰，这件挂饰也成为埃及法老至高灵性的象征。

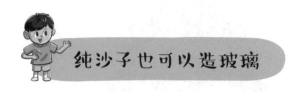

纯沙子也可以造玻璃

前面讲到，在制造玻璃的过程中，为了降低石英砂的熔融温度，进而降低玻璃的制造成本与难度，通常会在石英砂中加入石灰石和纯碱。随着这两者的加入，玻璃的制造难度虽然下降了，但玻璃的性能也受到了影响（例如热膨胀系数和耐热性都会降低）。这是因为石灰石和纯碱改变了石英砂的化学组分与结构，毕竟石英砂中的二氧化硅通过化学反应变成了硅酸盐，因此，普通玻璃也被称为硅酸盐玻璃。

那如果我们在玻璃的制造过程中不加入石灰石和纯碱，还能不能制造出玻璃呢？当然能，而且造出的玻璃性能更佳，这就是

石英玻璃。石英玻璃在生产过程中就是直接将纯度较高的石英砂加热至熔化（当然这个温度要远远高于硅酸盐玻璃的熔融温度），然后将熔融石英浇入模具并迅速冷却，这样就得到了广泛应用于光学仪器、光导纤维（光纤）和航空航天领域的石英玻璃。

其实，石英玻璃与天然水晶的成分相似，只不过天然水晶是二氧化硅晶体，而石英玻璃则是非晶态二氧化硅。这种结晶状态的不同就导致了水晶虽然看似透明，但也不会像玻璃那样通透。天然水晶具有各种不同的颜色，例如紫水晶、蔷薇水晶（浅玫瑰色）、烟水晶（褐色）等。这些颜色都来自水晶中含有的少量金属元素，不同的金属元素会让水晶呈现不同的色泽。历史上最著

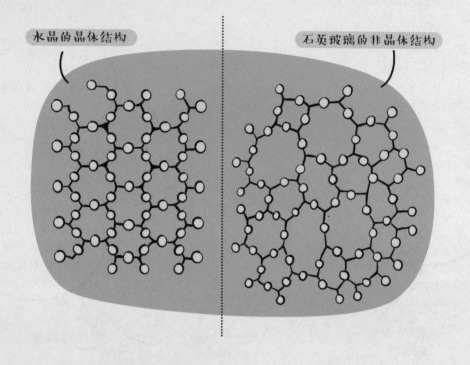

水晶的晶体结构

石英玻璃的非晶体结构

名的水晶宝石之一是法国皇帝拿破仑的皇后约瑟芬所拥有的一块叫作"特洛伊"的彩虹石英，因其令人眼花缭乱的变幻色彩而得名。

各种颜色的美丽水晶

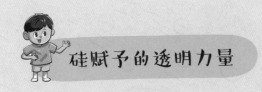

硅赋予的透明力量

可能会有人问：非晶体的材料很多，为什么玻璃会呈现得如此透明呢？这就和玻璃中的硅元素紧密相关了。

我们都知道，原子的内部是空荡荡的，如果把原子比作一个足球场的话，原子核和核外电子也只能算是足球场里的几粒沙子而已。因此，从理论上来讲，光应该很容易穿过这些看似空荡荡的原子，任何物质都应该是透明的才对。但事实并非如此。当光穿过看似空荡荡的原子时，电子会选择性地吸收其中某一段波长的光，同时电子自身也会因为吸收了光而发生能级跃迁。由于不

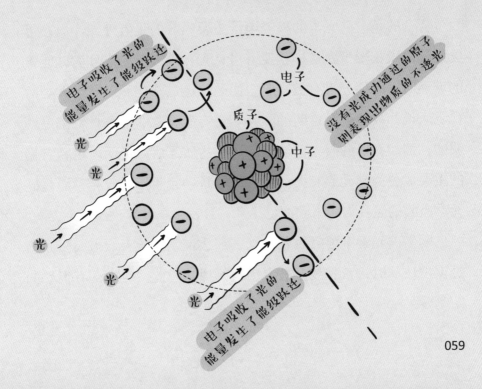

同原子的电子能级不同，所吸收的光的波长也是不同的，这也就导致了不同种类的原子的光谱是不同的。

巧合的是，硅元素的核外电子主要吸收的是紫外光，而在可见光波段吸收较少，这样就使得可见光在进入主要成分为硅元素的玻璃时，大部分没有被吸收，而是穿透过来，所以对于人类的视觉来说，玻璃就是透明的。其实含有硅元素的很多材料都是透明的，例如有机硅胶、硅油等。这些物质之所以透明，也和它们的主要成分为硅元素有关。所以，不是硅元素不吸收光，而是硅元素吸收的光我们看不到而已。

既然硅元素主要吸收紫外光，那么也就意味着，当太阳光透过窗户玻璃时，紫外线会被自动过滤掉。因此，玻璃具有很好的防晒效果哦！

将窗户与墙壁"二合一"

　　人类的想象是无穷无尽的，自从人们发明了玻璃，它的应用就不仅限于建筑的窗户上，人们甚至还想用玻璃来代替整个建筑的墙壁。1919年，德国建筑学家密斯·凡德罗首先提出了"玻璃大楼"的理念，并将这个异想天开的想法做成了模型。因此，密斯也被誉为"玻璃幕墙之父"。

1919年，德国建筑学家密斯·凡德罗提出"玻璃大楼"的理念

汉考克大厦

1976 年，著名华人建筑设计师贝聿铭先生
设计并建成了人类历史上第一栋玻璃幕墙大楼

　　1976 年，著名华人建筑设计师贝聿铭将密斯的想法变为
现实，他设计并建成了人类历史上第一栋玻璃幕墙大楼——
美国波士顿的汉考克大厦。这座摩天大楼通体明亮，它的壮
观景象轰动了世界，自此，玻璃幕墙建筑风靡全球。

鲁伯特之泪

　　17世纪中叶，人们偶然发现，如果将一滴熔融的"玻璃水"滴落进冰冷的水中，这滴"玻璃水"就会凝固成一种拖着长长尾巴的奇怪形状——鲁伯特之泪。神奇的是，鲁伯特之泪的头部具有十分恐怖的强度，就算是规格高达20吨的液压机也无法压垮它。人们甚至尝试向鲁伯特之泪的头部直接开枪，子弹居然也会被无情地弹开，其强度真的让人叹为观止。

熔融的"玻璃水"

鲁伯特之泪的头部可以弹开子弹

水冷的水

鲁伯特之泪

20吨

规格高达20吨的液压机也压不垮鲁伯特之泪

　　既然鲁伯特之泪头部的强度如此之大，那我们能不能用鲁伯特之泪的头部来制作玻璃呢？基于这个想法，人们发明了钢化玻璃。从鲁伯特之泪的制作过程我们就会发现，只要将普通玻璃加热接近熔融状态，然后迅速将其冷却，玻璃就会摇身一变，成为钢化玻璃。也就是说，钢化玻璃的化学成分与普通玻璃其实完全相同，只是将普通玻璃通过特殊的热处理过程，改变玻璃内部的应力分布，从而就可以得到这种具有超强机械性能的新型玻璃。

　　为什么普通玻璃经过特殊热处理后，它的机械性能就会发生如此大的变化呢？这是因为普通玻璃在经历"加热熔融—快速冷却"后，往往是玻璃的表面首先凝固定型，但无论玻璃表面冷却得再快，玻璃内部的冷却速度都会随着玻璃厚度的增加而逐渐变慢。由于玻璃的凝固过程会伴随着体积的收缩，而降温凝固又是从表面逐渐向内部延伸的，这样在玻璃表面与玻璃内部之间就会形成相互拉扯的应力，而这种应力就是钢化玻璃超高强度的力量来源。试想，当钢化玻璃受到撞击时，冲击产生的微观压缩形变恰好在一定程度上"缓解"了玻璃表面与内部之间本就存在的应力，这样就使得在同等厚度的情况下，钢化玻璃的抗冲击强度和抗弯强度可以达到普通玻璃的 3 ～ 5 倍。

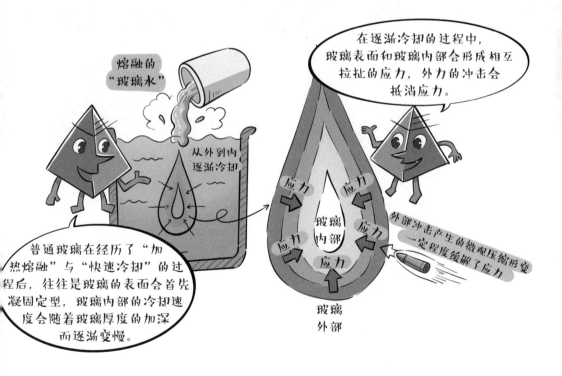

  还记得前面提到的玻璃幕墙建筑吧？汉考克大厦在建成后的前三年时间里，有超过20%的玻璃幕墙发生了碎裂，这一度让人们对玻璃幕墙建筑产生了极大的疑虑。钢化玻璃发明后，这种情况就得到了显著改善，极大地推动了玻璃幕墙建筑的普及与发展。

  现如今，人类已经不满足于透过建筑上的玻璃窗户来观看外面的世界了，迈向星辰大海才是人类的未来。40万片中国自主生产的抗辐照轻量化柔性玻璃正在为中国空间站的正常运行保驾护航。当我们的航天员透过空间站的玻璃舷窗回望地球时，不知道是否能够与窗明几净书桌旁的中国古人望向明月的目光交相呼应。

这一望，便是千年。

40万片中国自主生产的抗辐照轻量化柔性玻璃在为中国空间站的正常运行保驾护航！

抗辐照轻量化柔性玻璃

1. 在制作硅酸盐玻璃时，需要在石英砂中加入哪两种物质来降低石英砂的熔点？

2. 硅酸盐玻璃和石英玻璃，哪一种玻璃熔点更高？

3. 在浮法制玻璃的工艺中，人们利用了什么材料来保证玻璃接触模具那一面的平整度？

4

生铁百炼终成钢

　　钢铁象征着一种精神，人们对钢铁的认识起源于星星，这种"天外飞石"极大地促进了人类文明的进步。

苏联作家尼古拉·奥斯特洛夫斯基著有一部长篇小说《钢铁是怎样炼成的》，书中讲述了小战士保尔·柯察金的人生成长之路，他在革命的艰难困苦中不断战胜敌人和自我，永远铭记将自己的人生与祖国和人民的利益结合在一起。这部跨越国界的文学作品也激励了一代又一代中国青年努力成为敢于挑战、甘于奉献的国家栋梁之材。

苏联作家
尼古拉·奥斯特洛
夫斯基

小战士
保尔·柯察金

　　钢铁虽然象征着一种精神，但本质上它只是一种金属材料。人们对钢铁的认识起源于星星，人类在地球上发现铁矿之前，人们最早接触和使用的铁都是来自星星陨石中的陨铁，这些"天外飞石"促进了人类文明的进步。其实，"钢"和"铁"是有区别的，钢是一种"不纯"的铁，正是因为这种"不纯"赋予了钢更加优异的综合性能。

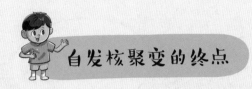

自发核聚变的终点

在元素周期表中，铁（Fe）是一种地位很特殊的元素。铁的原子序数为 26，并不算十分靠前，但是铁元素在地球地壳中的含量居然达到了 41 kg/t，在所有元素中仅次于氧元素（O）、硅元素（Si）和铝元素（Al），排名第 4。"事出反常必有妖"，这个异常现象的背后，必然存在着深厚的科学原因。

　　宇宙中的所有元素都不是凭空出现的，而是来自恒星的逐步"生产"。这个生产的过程叫作"核聚变"。核聚变这个概念听上去挺深奥，其实理解起来并不难。核聚变的本质就是原子序数较小的元素在恒星的高温高压条件下相互聚并为原子序数较大元素的过程，例如氢原子可以相互聚并为氦原子，氦原子可以相互聚并为碳原子，等等。越大的恒星由于内部温度更高、压力更大，就能实现更重元素的生产，直到生产出铁元素。铁元素的原子核十分稳定。铁元素之前的元素核聚变会释放大量的能量，而铁元素要进行核聚变反而必须吸收大量能量，也就是说，铁元素想要进行核聚变的代价就是让恒星的温度越来越低。因此，当恒星的核聚变进行到铁元素时，核聚变反应就会戛然而止。恒星失去了热量释放，紧接着就会发生坍塌爆炸，这种爆炸就是超新星爆发。实际上，人类历史上至少经历过一次有记载的超新星爆发事件。公元1054年，中国尚处于北宋时期，在天空的天关（金牛座）方向发生了一次超新星爆发。这次爆发释放出极大的光亮，甚至在白天都清晰可见，持续了23天才慢慢消失，北宋天文学家称其为"天关客星"。

既然铁元素是恒星自发核聚变的终点，那就意味着，在铁元素生成后，它就不会进一步地被大量消耗以作为后续更重元素生产的原料，进而富集起来。而我们的地球正是某次超新星爆发后产生的恒星碎片，因此在地球上铁元素储量丰富也就不足为怪了。

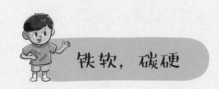

铁软，碳硬

　　由于铁元素在地壳中的丰富储量，以铁为主的金属材料才能成为人类工业化过程中应用最为广泛的金属材料。不过单一组分的金属材料普遍存在一个弊端，那就是质地都偏软。例如，我们熟悉的纯金、纯银都是非常柔软的金属，纯铁也不例外。

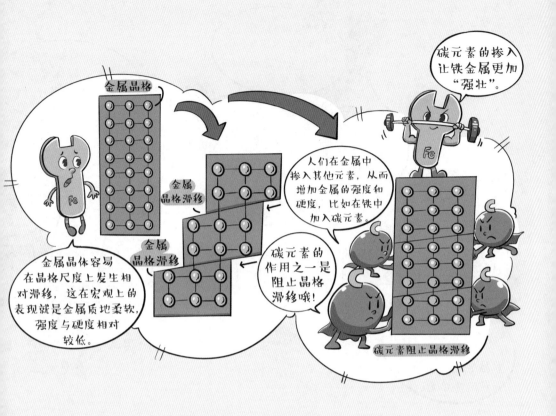

　　金属所形成的晶体很容易在晶格尺度上发生相对滑移，这种易滑移的特性在宏观上就体现为金属的质地柔软、韧性较好，但随之而来的另一面则是强度和硬度相对较低。因此，为了让金属铁的强度和硬度增加，从而拥有更加广阔的应用空间，人们就不得不在纯铁中掺入一些其他元素，例如碳元素。当碳元素进入金属铁的晶格时，它就能够阻止铁晶格的滑移，从而提升铁的硬度和强度。铁的硬度和强度会随着含碳量的增加而提高，同时韧性会逐渐降低。因此，铁的含碳量需要精确控制，才能得到综合性能优异的铁碳合金。

　　那么问题来了，金属铁的含碳量到底应该控制在什么范围呢？

答案是 0.02% ~ 2.11%。2.11% 是碳元素在金属铁中的溶解度。当含碳量低于 2.11% 时，碳元素能均匀溶解于铁中；而高于这个数值，碳无法全部溶解，过量的碳就会饱和析出，形成碳单质，导致铁碳合金质地发脆。这种含碳量高于 2.11% 的铁碳合金被称为生铁。而当铁中含碳量低于 0.02% 时，我们就可以认为铁的纯度较高，这种铁被称为熟铁。而含铁量介于 0.02% 和 2.11% 之间的铁碳合金综合性能优异，这就是我们熟悉的钢。

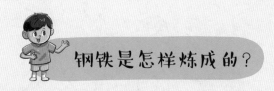

钢铁是怎样炼成的？

　　所谓"百炼成钢"，钢是冶炼出来的。在这里，大家可能会很自然地认为炼钢的过程就是在纯铁中掺入碳的过程，而真实的情况却恰好相反。

　　在自然界中，铁都是以化合物的形式存在于铁矿石中。人们要想得到金属铁，就需要用最廉价的还原剂——碳，来将化合态的铁转化为铁单质（也就是金属铁）。在还原过程中，碳同时也会渗到金属铁中，使我们得到的铁含碳量远远超过钢所需要的含碳量，也就是说，用碳还原铁矿石得到的产品其实是生铁。因此，后续的炼钢过程其实就是让生铁含碳量不断降低的过程。人们在钢炉中不断地鼓入纯氧，让氧气与碳反应生成二氧化碳，从

而达到除碳的目的。在吹氧除碳时，还可以同时将硫元素（S）、磷元素（P）等有害元素清除掉，可谓一举三得。当碳含量降低到合适的数值，我们最终就获得了性能优异的钢材。这种利用氧气吹扫炼钢的方法被称为"林茨－多纳维茨炼钢法"，而"林茨"和"多纳维茨"就是首先发明和应用这种炼钢方法的两家炼钢厂的名字。

"林茨－多纳维茨炼钢法"使钢的生产效率大幅提升，而生产成本大幅下降。有了丰富的铁矿石及高效的炼钢工艺，全球的钢产量迅速增长。2022年，全球的粗钢产量已经超过了18亿吨，有力推动了人类社会的发展和建设，可以说，现代社会就是建立在"钢筋铁骨"之上的。

北京奥运会的标志——"鸟巢"和"冰丝带"

2008年的北京奥运会和2022年的北京冬奥会让北京这座千年古都在世界奥运史上谱写了华丽篇章。尤其是国家体育场（俗称"鸟巢"）和国家速滑馆（俗称"冰丝带"）这两个巨型钢结构场馆，让全世界人们看到了中国的建筑能力与艺术水平。"鸟巢"的外形主要由巨大的门式钢架组成，共有24根桁架柱，4.2万吨钢材相互交错，从外形看上去就像树枝编织而成的鸟巢，美轮美奂。而"冰丝带"则采用了世界上跨度最大的空间曲型环桁架索网屋面，用钢量仅为1.4万吨，是传统屋面用钢量的四分之一，完美体现了绿色环保办奥运的理念。

国家速滑馆（俗称"冰丝带"）内部

冰丝带建筑模型

国家体育场（俗称"鸟巢"）外景

国家体育场（俗称"鸟巢"）钢结构

（以上图片均为作者拍摄）

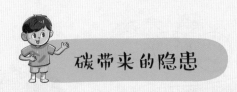

碳带来的隐患

铁与碳的结合虽然可以有效提升金属铁的综合性能，但是碳的存在又让铁拥有了一个较为致命的缺陷，那就是易生锈。中国是具有上下五千年历史文明的古国，我们经常会听到各地考古挖掘出土各式各样精美绝伦的文物，但如果大家留心注意的话就会发现，出土的金属文物几乎都为青铜器，很少会看到铁器，即使有也已经锈蚀严重且面目全非了。

铁为什么更易生锈呢？铁生锈的本质就是金属铁与氧气发生氧化还原反应生成氧化铁的过程。其实这个过程并没有什么稀奇的，因为很多金属都会与氧气发生类似的反应，例如金属锌（Zn）、金属铝（Al）等。但是，锌与铝所形成的氧化物结构致

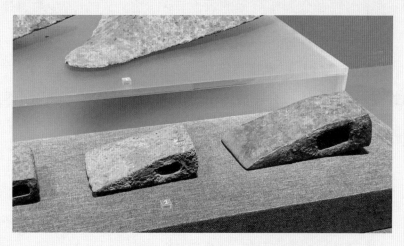

唐代铁斧（作者拍摄于陕西省历史博物馆）

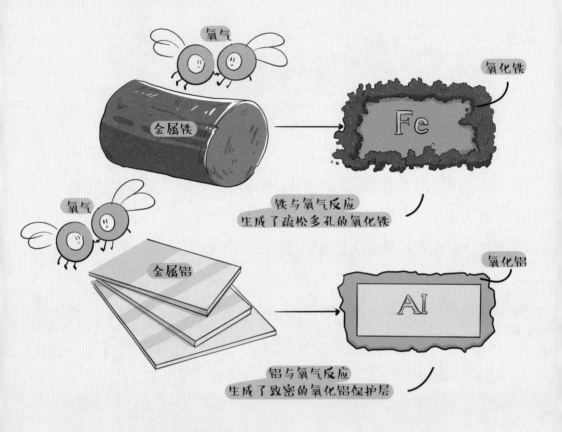

氧气

金属铁

氧化铁

Fe

铁与氧气反应
生成了疏松多孔的氧化铁

氧气

金属铝

氧化铝

Al

铝与氧气反应
生成了致密的氧化铝保护层

密且紧密附着在金属锌或铝的表面，阻止了氧气进一步对基体的侵蚀。而铁的氧化物则完全不同，铁锈的主要成分是三氧化二铁（Fe_2O_3），这种红棕色氧化物质地脆且结构蓬松。如果金属铁全部锈蚀为铁锈后，体积会膨胀 5 倍以上。蓬松的铁锈不能阻止氧气的进一步侵入，久而久之，整个金属铁都会被彻底锈蚀。

那么要想阻止铁生锈，我们就得首先搞明白铁生锈的条件。人们在日常生活中逐渐发现，特别纯净的铁其实并不易生锈，例如，在印度德里，有一根高 6.7 米的铁柱，经历了 17 个世纪的风吹雨淋，至今仍然光洁而明亮，究其原因就是它的纯度居然高达

99.72%。如果我们将普通铁制品放置在干燥的空气中，铁也几乎是不会生锈的，潮湿的环境更容易导致铁生锈。

从上面的生活经验我们就会知道，纯度高和干燥是防止铁生锈的两个重要条件。经过进一步研究，人们最终发现，其实铁与氧气的反应并不是很容易进行的，这就说明铁的生锈过程并不是铁与氧气直接接触发生的普通氧化还原反应，而是一种特殊的反应，这就是电化学反应。钢铁生锈的电化学反应离不开其中蕴含的碳。当我们将普通钢铁制品放在潮湿环境中时，制品内部就会形成一个相当于以金属铁为负极、碳为正极、水为电解液的原电

印度的古老铁柱

印度的古老铁柱因为纯度很高，经历 17 个世纪依然没有生锈。

池。这个原电池的放电过程本质上就是铁与空气中氧气进行氧化还原反应生成氧化铁的过程。原电池环境的存在大大降低了铁与氧气的反应难度，并加速了反应进程。因此，干燥环境下缺乏电解液，而更纯的铁则没有碳正极，这两种情况都会抑制原电池反应，使得铁变得不容易生锈。

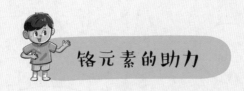

铬元素的助力

现实情况是，日常生活中几乎找不到完全干燥的环境，潮湿环境是地球环境的常态。同时，要想炼成钢，就必须在金属铁中掺入一定量的碳。因此，想要抑制钢铁生锈，就必须另辟蹊径。

在人们一筹莫展的时候，铬元素（Cr）给人们提供了新的思路。

铁生锈的原电池反应之所以可以发生，本质上是因为铁的电极电势低于氧的电极电势。而当铁中掺入一定量的铬元素后，铁

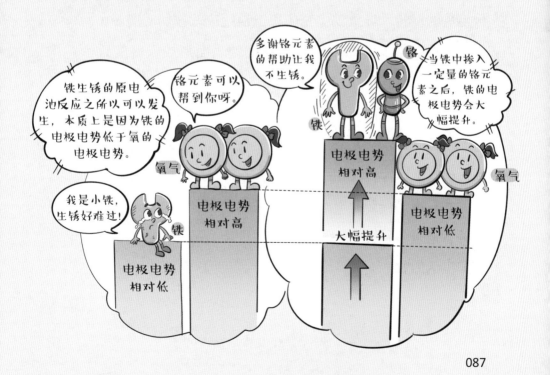

的电极电势就会大幅提升，并超过氧的电极电势。此时，由于电极电势的反转，导致铁生锈的原电池反应就被彻底遏制了。再加上铬在受到氧气侵蚀后，可以在钢铁表面形成极薄的致密氧化层，进一步阻止了钢材生锈。因此，掺有铬元素的钢材就会显示出极佳的抗锈特性，这就是不锈钢。

当然，为了满足各类特殊的使用条件，钢材中还会选择性地加入硅（Si）、钨（W）、锰（Mn）、镍（Ni）、钼（Mo）、钒（V）等元素，来进一步提升钢材的强度、硬度、耐磨性、韧性、延展性等。通过多种元素的添加，不同种类、不同性能的钢材便融入我们生活的方方面面，成为世界上使用最广泛的金属材料之一。

拼出来的房子——装配式建筑

传统的钢筋混凝土建筑虽然结实大气，但建造周期较长。在面对突发事件时，例如疫情，如何在最短的时间内建造出足够多的避难所或医用建筑，成为应对困难的关键。

2020 年，一次奇迹般的建造让国人体会到了钢结构装配式建筑的威力。装配式建筑，顾名思义，就是先将建筑的各个部分在工厂进行生产，然后在建设工地直接进行拼装的工业化建筑产品。由于建筑建造的大部分工作已经在工厂内提前完成了，因此，施工现场的拼接环节变得非常简洁。2020 年年初，在新冠肺

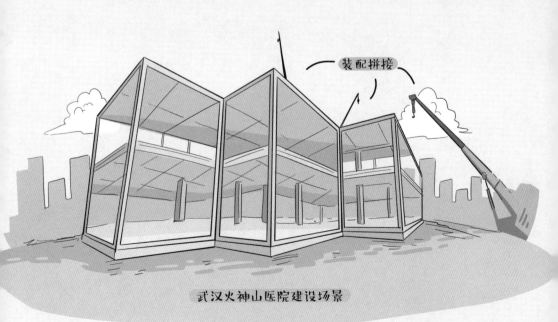

装配拼接

武汉火神山医院建设场景

炎疫情最严重的湖北武汉，中国仅用了 10 天时间就建设完成了拥有 1000 个床位、能容纳 2000 名医护人员并配备新风系统、负压系统、急救室、污水处理、食堂以及水电气网的火神山医院。火神山医院的建设为武汉和全国的抗疫胜利奠定了坚实的基础，同时也为人们未来建造更加灵活轻便的非永久性建筑提供了中国样板。

"手撕钢铁" 不再是梦想

钢铁通常给人以笨重结实的观感，也使得利用钢筋混凝土建造的建筑给人以极大的安全感。虽然结实的钢材用途广泛，但轻薄的钢材其实用处更大。近年来，非常流行的折叠屏手机掀起了手机行业新的风尚。大家有没有想过，为什么看着脆硬的手机外壳，折叠位置的柔韧度却极高，并且经久耐用，不会轻易折断呢？因为其中用到了中国最新的高端钢铁箔材——手撕钢。

中国最新的高端钢铁
箔材手撕钢

如今中国生产的 0.015 毫米手撕钢是世界上厚度最低的手撕钢产品，仅为一张 A4 纸厚度的四分之一！

　　手撕钢，顾名思义，就是可以用手轻松撕开的钢材薄膜，它的厚度仅有 0.015 毫米，也就是一张 A4 纸厚度的四分之一。轻薄就意味着柔韧，但手撕钢依然具有钢材本身的硬度与强度。中国在攻克手撕钢生产技术之前，每年需要花费巨额资金，从日本和德国进口这种特种钢材。位于山西省太原市的太钢集团，在经历了 700 余次试验失败后，终于成功攻克了这个困扰中国钢铁行业的技术难题，实现了手撕钢的国产化。如今，中国生产的 0.015 毫米手撕钢是世界上厚度最低的手撕钢产品，售价达到了普通钢材的 100 倍以上，依然供不应求。就连曾经的"老师"德国和日本，也希望能够来中国学习这项技术。习近平总书记在看到我们自己生产的手撕钢产品后也盛赞："百炼钢做成了绕指柔。"

1. 大恒星内部自发核聚变反应的终点是哪种元素？

2. 合格钢材的含碳量在什么范围？

3. "林茨—多纳维茨炼钢法"有什么优点？

5

建筑环保"三部曲"

建筑不仅要住着舒适，更要用着环保，因此，建筑将会经历节能、储能再到产能的环保"三部曲"。

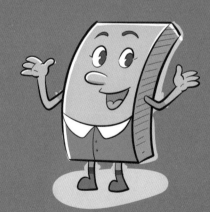

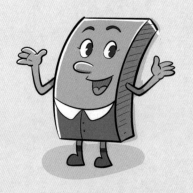

建筑给人类提供了遮风挡雨的温馨港湾。

随着能够使用的建筑材料越来越多，人类的建筑也从 50 万年前的石屋与毛皮小屋，发展成了现代化钢筋混凝土的摩天大楼。但环保意识的逐渐发展让人类不仅关注建筑本身居住起来的舒适程度和安全性，还更加关注建筑在建造和使用过程中能否尽

量减少对环境的污染和破坏。毕竟建筑材料本身的生产过程就会产生大量的温室气体（例如二氧化碳）和能源消耗，人们在使用建筑的过程中仍然会大量产生能耗和污染。因此，建筑不仅要住着舒适，更要用着环保。

那么，如何实现建筑的环保呢？总体来讲，可以从三个环节来实现：第一是在建筑建造时使用更加环保的建筑材料，以做到生产环节的节能；第二是让我们的建筑在使用时尽量降低能源的无效消耗，例如建筑储能；第三则是更高级的状态——建筑产能，让建筑直接拥有清洁能源的生产能力，这样不但消除了外界的能源输入，还能够向外部提供持续的清洁能源，让建筑本身成为环保事业的守护者。

因此，人类踏上了环保建筑的探索之旅。

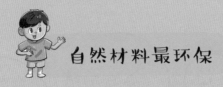

自然材料最环保

人们发明的钢材、水泥、玻璃等优质建筑材料为建筑业的腾飞注入了无穷活力，不过这些人造材料也是最不环保的。

前面我们已经讲过，钢材、水泥、玻璃的生产都离不开高温加热，这些过程都会伴随大量化石能源（如煤、石油、天然气）的燃烧和二氧化碳温室气体的排放。据统计，全球 30% ~ 40%

的初级能源消耗来自建筑业，而全球 40% ～ 50% 的温室气体排放也来自建筑业。

而自然建筑材料的形成过程却常常是一个相反的过程。以木材为例，郁郁葱葱的树木是地球环境的守护者，树木生长的基础动力是不断进行的光合作用。植物在光照条件下会通过叶绿体将土壤中吸收的水分和空气中吸收的二氧化碳结合形成多糖类化合物，如淀粉和纤维素。这些多糖类化合物的逐渐累积过程就是植物的生长过程，同时为人类提供了优质的建筑木材。因此，木材的"生产"本质上可以看作化石能源燃烧的逆过程。只要人类在砍伐树木获取木材的同时，做到树木的及时补种，那么在获取木材的全过程中非但不产生二氧化碳，还可以大量消耗二氧化碳。"砍伐树木盖房子"，这种人们直观看来非常不环保的行为，居然比建造钢筋混凝土的现代建筑更为环保。这种反直觉的现象需要我们在全面了解建筑材料的生产过程之后才能充分理解。

在我国"千年大计"雄安新区的建设中，作为目前雄安新区唯一的 5A 级景区——白洋淀景区——的游客服务中心，设计者就选用了木材作为结构主材的木－钢框架和木－砼框架混合结构。据测算，与相同的钢筋混凝土结构建筑相比，木结构建筑的

白洋淀景区的游客服务中心

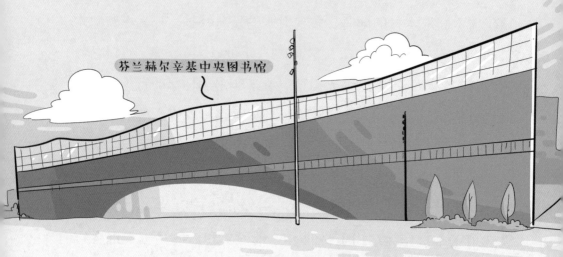

芬兰赫尔辛基中央图书馆

碳排放可以降低约 19%，环保效果十分显著。除了中国，芬兰作为世界上著名的"绿色国度"，一直崇尚传统木材建筑。在钢筋混凝土流行的当下，芬兰更加鼓励新建建筑选用木材。例如，在其首都赫尔辛基新城区的建设中，全新的赫尔辛基中央图书馆就是一座木制地标建筑。

零碳建筑——因纽特人的雪屋

如果说木材的砍伐和使用还多多少少会产生一些碳排放的话，那么生活在北极附近的因纽特人所建造的雪屋无疑就是零碳排放建筑的翘楚。在漫天风雪的北极，冰雪资源是取之不尽、用之不竭的。数千年来，因纽特人就地取材，将被风压实的雪切割成雪砖，然后将雪砖按照一定规律堆砌成圆顶结构。这种结构外观平整，且性能牢固，完全不需要额外的支撑，给因纽特人提供了一个在恶劣天气下遮风挡雨的完美庇护所。

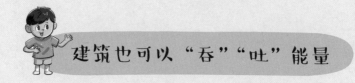

建筑也可以"吞""吐"能量

人们在解决了建筑的"遮风挡雨"功能后，逐渐就要求建筑还要住起来感到舒适。

人类作为恒温动物，体温基本恒定在 $36℃\sim37℃$，当外界的环境温度在 $23℃$ 左右时，人体向外界环境的散热速率与自身体内的产热速率基本达到平衡，这样人既不会因为外界温度过低需要大量产热而感到寒冷，也不会因为外界温度过高需要大量散

热而感到炎热，此时人感到异常舒适。但是环境温度的恒定是极其困难的，即使在建筑内的封闭体系中，维持恒定的环境温度也要消耗相当大的能量资源。例如，在天气炎热时我们利用空调降温，而在天气寒冷时利用集中供暖来升温，这些行为都会消耗大量的电能或化石能源。

这时，科学家们就开始思考：有没有可能让建筑本身具备一定的能量存储功能，即在天气炎热时吸收能量，而在天气寒冷时释放能量，最终让建筑内部始终保持在最适宜的温度呢？顺着这个思路，人们找到了相变储能材料。

相变储能材料这个名词大家听起来可能比较陌生，但是古人早已经在不知不觉中使用过了。冰（或者水）就是最常见的相变储能材料。大家有没有想过，在科技不发达的古代，人们是如何在夏天吃到冰镇水果的呢？其实，背后的原理非常简单。人们在冬天的地窖或山洞内存储大量的冰块，到了夏天时取出，将冰块放在一个具有双层结构的冰鉴的外层，内层则放置水果。由于冰在融化成水的过程中会始终保持 0℃ 的恒温，也就是说，冰其实就是相变温度为 0℃ 的相变储能材料。冰块在融化过程中，会不断地吸收水果的热量，从而给水果降温，这样古代人就能够在夏天吃到凉爽的冰镇水果了。中国古人对冰鉴的使用可以追溯到西周时期，《周礼·天官·凌人》中就对冰鉴的使用方法进行了明确的记载。唐代诗人元稹也曾用"绛河冰鉴朗，黄道玉轮巍"的诗句，将冰鉴比喻成天上的明月。

曾侯乙青铜冰鉴结构图

曾侯乙青铜冰鉴（作者拍摄于中国国家博物馆）

　　不过冰的相变温度是 0℃，实在是太低了，人们需要寻找相变温度在 23℃ 附近的相变材料以应用于建筑的恒温技术。20 世纪随着石油化工产业的迅猛发展，人们在石油中找到了理想的答案。石油的主要成分是只含有碳元素和氢元素的烃类有机化合物，这类化合物有一个特点，那就是随着分子中碳原子数量的增加，烃类化合物分子间的范德华力 [1] 就会逐渐增大，进而使得烃类化合物的熔点和沸点逐渐上升。这就是甲烷（天然气的主要成分，含有 1 个碳原子）在常温下呈气态，而蜡烛的主要成分正二十二烷（含有 22 个碳原子，熔点为 45℃）在常温

1　即分子间的作用力。

下呈固态的原因。当碳原子数为 18 时，对应的正十八烷熔点在 26℃ ~ 29℃，非常接近人体的最适宜温度，因此正十八烷被认为是理想的建筑温度调控用相变储能材料。

当我们将正十八烷通过化学包覆的方法包裹进由高分子材料制成的外壳里面时，我们就得到了具有相变储能功能的胶囊材料。在高温环境下，储能胶囊内部的正十八烷会熔化为液态并吸收环境中的热量，起到给环境降温的作用。由于正十八烷是被包裹在高分子壳内的，因此，即使熔化为液态也不用担心泄漏的问题。而当环境温度下降时，胶囊内液态的正十八烷又会凝固并释放热量来给环境升温，从而最大限度地拉平环境温度的波动。试想一下，在我们生产建筑材料时只要适量地加入一部分相变储能胶囊，我们就可以轻而易举地得到具有室温调节功能的相变墙板、相变水泥砂浆、相变涂料、相变储能地板、相变储能天花板等，利用相变储能材料建造的房子就有可能真正让人们体会到"冬暖夏凉"！

当然，相变储能材料并不是只有建筑材料一个应用领域，在航空航天和新能源电池等领域，这种前沿材料更是大显身手。相信这种可以"吞""吐"能量的神奇材料，在未来一定具有更加广阔的用途。

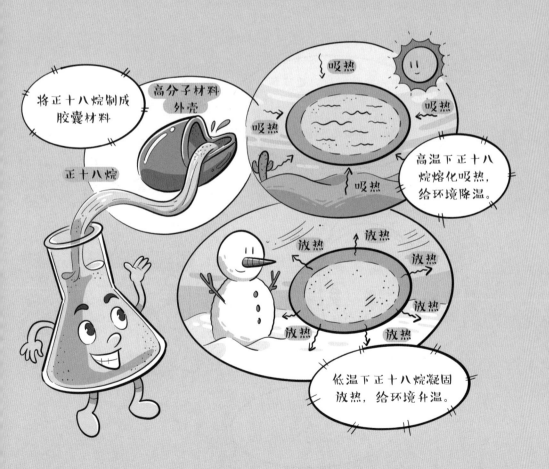

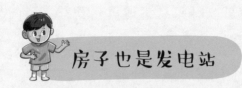

房子也是发电站

　　"吞""吐"能量最多只能让建筑在使用过程中最大程度地减少能量的使用与消耗，建筑本身仍然是一个能量的消耗者。但如果能够让建筑自身产生能量，这些能量不但可以供给建筑本身运行使用，还可以将多余的能量向外输出，让看似普通的建筑成为

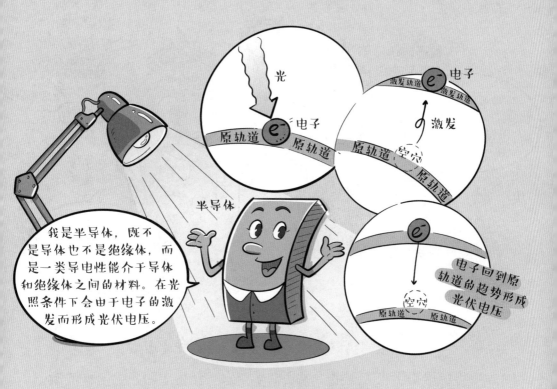

城市中清洁能源的生产者，也就是兼具了发电站的功能。那么，普通建筑也就不光可以用于居住，同时也成为城市运行的基础动力源。

这样的房子存在吗？当然存在，光伏发电与建筑的融合就有望实现这个目标，而光伏发电的核心原材料是半导体。

半导体，顾名思义，它既不是导体也不是绝缘体，而是一类导电性能介于导体和绝缘体之间的材料。看上去半导体只是一类导电性能不高不低的"普通"材料，但这种材料最大的特点就是它的导电性能是可以控制的，尤其会受到光照的影响。在光照条件下，半导体材料中本身较为稳定的电子就会吸收太阳光的能

111

量，从而从原来的轨道中被激发出来，变为光生电子。而原来的电子轨道由于失去了电子成了电子空穴。新生成的光生电子依然具有回到电子空穴，从而恢复到原来稳定状态的趋势，这种趋势就形成了光伏电压。这时，如果在半导体的两极之间用导线相连形成闭合回路，那么导线中便会有电流通过。这就是光伏发电的基本原理，而此时的半导体器件就是我们熟悉的太阳能电池（太阳能发电的详细原理可参见《交通中的化学》第六章）。

目前，单晶硅太阳能电池技术最为成熟，光电转化率也最高。我们在第三章中已经提到，玻璃幕墙建筑引领了建筑外观的新风尚，如果我们在玻璃幕墙上再贴合一层单晶硅光伏材料，这样玻璃幕墙就不仅具有装饰的作用，而且拥有了发电的功能，变身成光伏幕墙。当太阳照射建筑时，光伏幕墙就可以将太阳能源源不断地转化为电能，并用于建筑自身的日常运行。由于光伏幕墙吸收的是照射在建筑墙体上的太阳光能，而这些太阳光能本身只能起到加热建筑的作用，所以当建筑墙体换为光伏幕墙后，这些太阳光能就转化成了电能，而电能既可以驱动取暖设备给建筑提供热量，还能够驱动空调给建筑降温，甚至可以给建筑中的所有电子电气设备提供电能。因此，本身只能给建筑加热的太阳能量通过光伏幕墙变成了一种通用能源。位于湖北省武汉市的地标建筑——"武汉绿地中心"的外墙就是由21000多块光伏幕墙面板组成的，这栋建筑也成了我国"绿色节能建筑"的新典范。

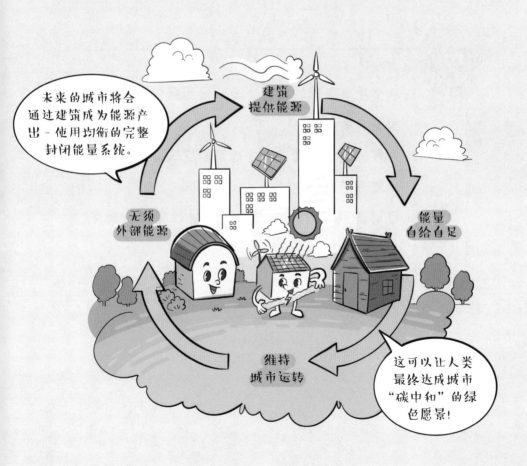

未来的人类建筑，一定是使用最天然的建筑材料来修建，并且利用自身产生的清洁能源来维持自身运行。同时，这些建筑在运行过程中将尽可能地降低能量损耗，从而将更多自产的盈余能量投送到广阔的城市公用领域，例如公共交通和公共照明等，再配合高效的电力储存系统，实现以城市建筑为能源来源，整个城市能源的"产出－使用"基本均衡的完整封闭能量系统，进而让人类最终达成城市"碳中和"的绿色愿景。

思考一下

1. 从全生命周期的角度去看，最为环保的建筑类型是什么呢？

2. 为什么正十八烷是非常理想的建筑温度调控用相变储能材料？

3. 目前应用最为广泛的半导体材料是哪一种半导体？

6

展望人类建筑的未来

虽然未来建筑难以直接想象，但是我们可以从前沿建筑材料的创新发展中窥探到一些未来建筑发展的路径与痕迹。

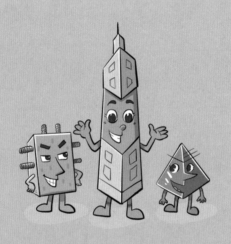

建筑给人类提供了遮风挡雨的温馨港湾。随着人类社会的发展，建筑也在不断地创新。未来的建筑到底会成为什么样子确实很难预测，不过建筑发展的基础首先是建筑材料的革命。就像之前章节中介绍的，只有钢材和混凝土才能孕育出现代的摩天大厦，而玻璃的工业化生产才能让现代建筑充满光辉与壮丽。因此，虽然未来建筑难以直接想象，但是我们可以从前沿建筑材料的创新与发展中，窥探到一些未来建筑发展的路径与痕迹。

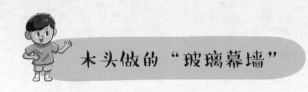

木头做的"玻璃幕墙"

在上一章中我们已经讲到，木材这种最常见的天然建筑材料其实才是最为环保的。因此，对于木材在建筑领域的进一步研究就凸显出了长远价值。在人们的传统印象中，木制建筑往往代表着古朴。如果我们已经认定木制建筑是建筑未来的话，那么如何让木制建筑更多地体现"现代感"就成了建筑领域值得研究的课题。

在人们的印象中，木材搭建的木制建筑往往代表传统与古朴。但其实木材也可以非常有科技感，是面向未来的建筑材料。

　　现代建筑之所以给人以"现代感"，除了其拥有特别的外形和结构设计，玻璃幕墙的应用更是画龙点睛之笔。如果木材不但能够当作建筑的结构材料起到支撑和承重的作用，甚至连窗户和幕墙都是木制的，那么这种真正的"全木建筑"将会是"环保"与"现代"的完美结合。但问题来了，要把木头制作成窗户和幕墙，首先就要让木头变得透明，而"透明木头"的制备就要依靠化学家们来实现了。

　　木头的主要成分是纤维素和木质素，纤维素主要负责提供木材的韧性，而木质素则提供木材的强度。我们已经讲过，植物中的纤维素是一种多糖类天然高分子化合物，这类化合物的分子结

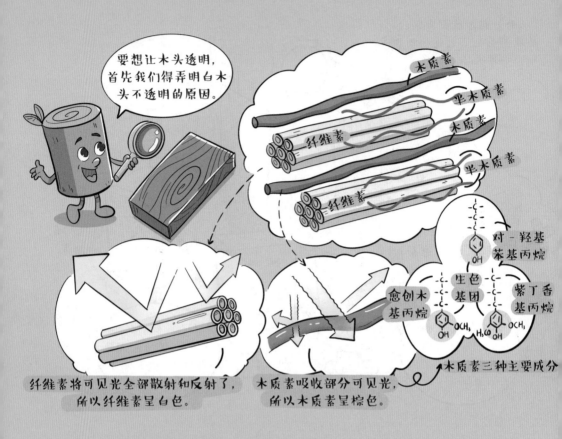

要想让木头透明，首先我们得弄明白木头不透明的原因。

木质素

半木质素

木质素

半木质素

纤维素

纤维素

对-羟基苯基丙烷

愈创木基丙烷

生色基团

紫丁香基丙烷

木质素三种主要成分

纤维素将可见光全部散射和反射了，所以纤维素呈白色。

木质素吸收部分可见光，所以木质素呈棕色。

构中并不含有生色基团，也就是说当可见光照射在纤维素上时，并不会被纤维素分子所吸收，而是全部发生了反射或散射，这也就是纯的纤维素粉末呈现白色的原因。而木质素则是由三种天然苯酚类衍生物相互聚合而成的天然高分子化合物。分子中的苯酚结构是一种生色基团，它可以吸收部分可见光，从而使木材呈现棕色，这也是木材呈现棕色的原因。

因此，想要将木材变为透明，首先就要破坏掉木质素分子中的生色基团，从而让木质素分子不吸收光。其实，破坏木质素生色基团最简单的方法就是利用氧化还原反应。美国马里兰大学的胡良兵教授利用双氧水（H_2O_2）就轻松实现了这一目标。双氧水是一种强氧化剂，且在紫外线的照射下，双氧水的氧化效果还会进一步增强，因此，"双氧水＋紫外线"就可以轻松让木质素褪色。褪色的木材只能保证不吸收光，但依然不能实现透明。由于木材本身是疏松多孔的，光线在木材内传播时依然会发生散射，因此褪色的木材就会像纤维素粉末一样呈现白色。

那么，如何让白色木头变得透明呢？这时我们就需要抑制光线的散射，也就是要消除木材内的多孔结构。胡良兵教授想到了环氧树脂。由于环氧树脂本身就是透明的，再加上环氧树脂和木材纤维的光折射率相近，可以视为没有界面的同一介质，因此利用环氧树脂填充已经褪色的木材孔隙，光线在穿过木材时就不再

在双氧水中浸泡

用紫外线照射

白色的？！这也不透明啊！

别急，这是第一步。

不透明的棕色普通木材

木质素褪色得到白色的木材

白色不透明

制造透明木材需要将木质素中的生色基团破坏掉。

这是制造透明木材的第一步

发生散射，木材也就变得透明了。这个过程就像把一张白色纸巾浸入水中，纸巾也会从白色变得透明一样，因为水填充了纸巾的孔隙之后抑制了光线的散射，纸巾的透明度也就提升了。

利用"双氧水＋紫外线＋环氧树脂"来制造透明木材具有诸多优点。首先，太阳光中富含紫外线，而太阳能又是地球上最为丰富的能源之一，因此，利用太阳光就可以在短时间内进行大批木材的褪色处理。其次，借助双氧水涂刷和阳光照射，可以实现木材样品在任意指定区域变为透明，也就是可以制造出任意图案的透明木板。更为重要的是，"双氧水＋紫外线＋环氧树脂"的制造工艺不会完全破坏木材本身的分子结构，这样就可以最大程度地保持木材本身的机械强度。木材经褪色处理后，还额外补充了性能优异的环氧树脂，使得透明木板的拉伸强度可以高出天然木材 40 倍以上，并具有更好的韧性。鉴于对透明木材制备方法的创新性发展，相关研究成果已发表在国际知名期刊《自然－通讯》(Nature Communications) 上。

　　有了这种低成本、高效率且兼具环保效益的透明木材制造技术，人们就可以将透明木材应用于建筑的窗户以及幕墙上了。相比于玻璃窗户和玻璃幕墙，透明木材更加坚固、轻便，并且具有强大的承重能力和隔热效果。有人就畅想未来可以完全使用透明木材建造通体透明的现代建筑。不过话又说回来，并不是所有人都愿意住这种透明房子，毕竟每个人还有自己的隐私需要保护嘛。

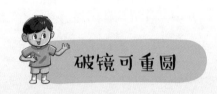

破镜可重圆

有句老话："破镜难重圆。"意思是摔碎的镜子很难让它恢复原状。对于建筑材料也是一样，目前我们国家最高设计标准的建筑寿命一般也不会超过100年。建筑从建成之日起，就要接受各种复杂环境的综合考验，老化和破损也是不可避免。一旦建筑材料出现损伤，例如裂纹，建筑的强度就会大大下降。而且，这种裂纹往往隐藏在建筑内部，难以被发现和修复，从而对建筑安全构成极大威胁。此时人们就非常希望建筑本身也像人体一样，当某个部位发生破损之后，能够自我感知并且自我修复。这样就可

含有大量氢键的有机材料被损伤后

只要人为地让破损的两面相互靠近并挤压，就可以实现"愈合"

氢键的原理类似于尼龙粘扣的"自愈合"

尼龙小钩
尼龙绒毛

挤压

氢键

氢键

以大大延长建筑的使用寿命，至少也能够在设计寿命之内，大大提升建筑的可靠性。

目前，最主要的建筑材料就是混凝土，因此自修复混凝土就成为人们研究的热点。其实，一种材料要想实现自修复的功能，无非就只有依靠两种途径来实现：第一种是材料自身可以利用加热、光照、可逆化学键等温和条件来实现本体自我修复。例如，某些含有大量氢键的有机材料就具有这种自修复能力。氢键是一种原子间可逆的弱相互作用，当富含氢键的材料破损时，只要人为地让破损两面相互靠近，同时给予一些相互挤压的压力，破损处的原子之间就又会重新形成氢键，进而实现"愈合"。这个过程和我们日常衣物上的粘扣（也叫魔术贴）的粘贴过程非常类

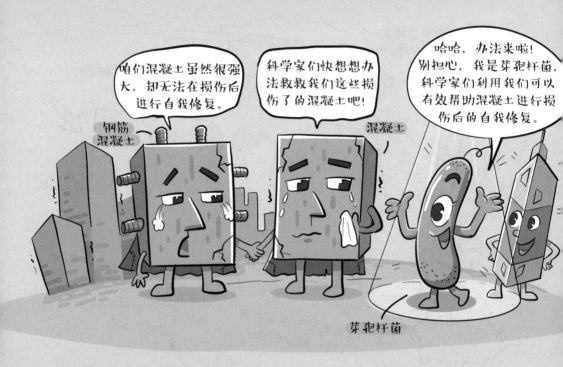

似。粘扣是由两个面组成的，一面密集分布着软软的尼龙绒毛，另一面则布满硬质的尼龙小钩。当将撕开的粘扣两面重新贴合时，这些小钩会快速地重新与绒毛钩连，并实现具有一定强度的粘合。这种可逆的"分离－粘合"机制，本身就是一种材料自愈能力的体现。

但是，混凝土显然不具备本体的自我修复能力，那么只能寻求第二种自愈合方式了，那就是利用修复剂来实现自我修复。我们在第二章中已经介绍过，混凝土的主要成分是钙的硅酸盐和铝酸盐，这些无机成分通常是固体粉末，因此流动性较差。如果将它们作为修复组分，很难在混凝土破损后"智能"地迁移到破损处并加以修复。鉴于此，科学家们寻找到了一种神奇微生物的协助——芽孢杆菌。芽孢杆菌是自然界中已经发现的最具耐受性的细菌之一，由于这种细菌可以在营养缺乏、环境恶劣的条件下形成芽孢来保护自己，又可以在条件适宜时重新萌发进行繁殖，因此具有极强的生命力。最为神奇的是，如果用乳酸钙（常用的一种补钙药品）来喂养芽孢杆菌，芽孢杆菌就会将乳酸钙发酵成为碳酸钙。碳酸钙本身就是混凝土的辅助成分，因此科学家们就想到可以利用芽孢杆菌的生物代谢过程来实现混凝土的自修复。

人们首先将芽孢杆菌封装在聚合物微胶囊中，然后在制作混凝土的时候将微胶囊和少量乳酸钙同时拌和进水泥和砂石中。当这些混凝土浇筑成建筑时，这个建筑就具有了自修复的能力。当混凝土由于环境作用发生破损而产生裂纹时，这个破损过程也会破坏包裹有芽孢杆菌的微胶囊。此时，休眠的芽孢杆菌便会在破损处快速释放出来，并接触到大量的氧气和水分，休眠的芽孢杆

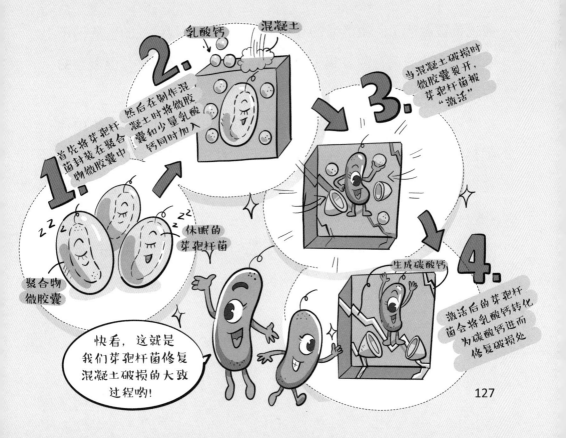

乳酸钙　混凝土

2. 然后在制作混凝土时将微胶囊和少量乳酸钙同时加入

1. 首先将芽孢杆菌封装在聚合物微胶囊中

休眠的芽孢杆菌

聚合物微胶囊

3. 当混凝土破损时微胶囊裂开，芽孢杆菌被"激活"

4. 生成碳酸钙

激活后的芽孢杆菌会将乳酸钙转化为碳酸钙进而修复破损处

快看，这就是我们芽孢杆菌修复混凝土破损的大致过程哟！

菌也就被激活了。激活后的芽孢杆菌把混凝土裂纹处的乳酸钙不断转化为碳酸钙，随着越来越多的碳酸钙生成并积累，混凝土的裂纹也就被修复了。

科学家们发现，在无水情况下，芽孢杆菌可以在混凝土中休眠存活 4 年，而包覆在微胶囊内的芽孢杆菌可存活 200 年之久！也就是说，利用芽孢杆菌制作成的自修复混凝土至少能够保持 200 年的自修复能力，这种"金刚不坏"的神奇建筑材料将会大大延长建筑的使用寿命。肉眼看不见的细菌，用自己微小的身躯为人类的安全筑起了一道"钢铁长城"。

3D打印的月球家园

随着大约50亿年后太阳氢核聚变的完成，太阳的体积将会急剧膨胀，最终可能吞噬地球。因此，人类的终极命运可能是"流浪宇宙"。当然，流浪宇宙有两种方式：第一种就像电影《流浪地球》中展现的，人类通过可控核聚变技术制造出超级发动机，来推着整个地球在宇宙中"流浪"，以期寻找到新的适合地球生物生存的位置；另一种就是直接移居外星球，重新建立新的生存家园。这两种方案各有利弊，不过第二种方案肯定相对高效。

　　我们在第一章中已经讲过，人类迈出移居外星球的第一步可能是从月球和火星开始的，毕竟它们是离地球最近的卫星和第二近的行星。月球作为人类未来可能的能源基地，很可能会成为第一个星际移民的试验场。要解决月球基地的建造，就离不开月壤砖的研发。

　　中美两国的科研人员不约而同地发现，要想实现快速地制造月壤砖，3D 打印技术将是关键。传统的 3D 打印过程首先需要将打印材料高温熔融，在打印的过程中使其成型和凝固。但是，月球土壤的熔点往往高达上千摄氏度，因此熔融法 3D 打印难以实现。随着中美两国科研人员对月球土壤的深入研究，科学家们发明了一种适合粘结月球土壤的聚合物黏合剂。在月壤砖泥浆的制作过程中，将这种黏合剂添加进去，然后利用黏合剂喷射的方法将泥浆按照预先设定的形状进行喷射打印，喷射出的泥浆迅速固化，我们就可以快速得到月壤砖湿坯。湿坯虽然呈现了我们需要的各种形状，但是它的强度依然很低，科学家们可以再利用镜面反射的原理，将太阳光聚焦，从而形成高温来烧结湿坯。最终，就可以得到强度达到普通混凝土 10 倍以上的 3D 打印月壤砖。

在未来，如何将这些月壤砖进行搭建和拼接形成建筑，中美两国的科学家们拿出了各自的方案。美国科学家们想模仿乐高模型的搭建方式来修建月球建筑，而中国科学家们则计划利用祖先的智慧，将榫卯结构引入月壤砖的连接。

中国科学家利用祖先的智慧将榫卯结构引入月壤砖的连接

人类发展方式的探索已经从地球走向月球，而我们应该坚信，中国古人的智慧将帮助其后人在未来甚至更长远的科技竞争中立于不败之地！

1. 木质素含有几种基本单元结构？

2. 自修复混凝土的自修复原理是什么？

3. 中国科学家将利用什么样的方式来建设月球建筑？

附录：思考题参考答案

第一章
1. 约 230 万块石砖。
2. 氧气充足时烧制形成红砖，氧气不足时烧制形成青砖。
3. 共 1731 克月壤。

第二章
1. 洒水。因为水泥的固化过程是水泥和水发生的水化反应。
2. 混凝土。
3. 由法国园艺师莫尼埃制作的钢筋混凝土花盆。

第三章
1. 石灰石和纯碱。
2. 石英玻璃熔点更高。
3. 熔融锡。

第四章
1. 铁元素。
2. 0.02% ~ 2.11%。
3. 通过氧气吹扫，清除掉了钢材中硫元素、磷元素等有害元素。

第五章
1. 木制建筑。
2. 因为正十八烷的熔点在 26℃ ~ 29℃，非常接近人体的最适宜温度。
3. 单晶硅半导体。

第六章
1. 三种。
2. 在混凝土中加入含有芽孢杆菌的胶囊，当混凝土开裂时，胶囊内的芽孢杆菌被释放出来，并将混凝土中的乳酸钙发酵成为碳酸钙，从而弥补混凝土裂缝。
3. 中国科学家将中国传统榫卯结构引入月壤砖的设计和制造，从而利用榫卯拼接的方法来建造月球建筑。